Ricardo S. Barros

Ricardo Barros é licenciado em Engenharia Civil, Mestrado em melhoramento sísmico, restauro e consolidação de construções históricas e monumentais e é Doutorado em Engenharia Civil na área de Estruturas.

Trabalhou como gestor de projetos e como docente na Universidade Fernando Pessoa no Porto. Desenvolveu investigação na Universidade do Minho (integrando os grupos de investigação HMS - Historic and Masonry Structures e ISISE Institute for Sustainability and Innovation in Structural Engineering) e na Universidade de Aveiro (integrando o grupo de investigação SEISMIC-V – Local Seismic Culture in Portugal).

Atualmente trabalha como consultor na área de disgnóstico de danos e reabilitação urbana. É autor de diversos livros e artigos publicados em revistas cientificas e congressos.

Resumo

O presente livro aborda as construções de alvenaria de xisto em termos da caracterização do património Português no que concerne às tipologias construtivas mais comuns em estruturas de xisto. Para além de se caracterizarem as tipologias mais comuns das construções tradicionais de xisto, são também apresentados exemplos de construções em xisto de elevado valor patrimonial ou cultural, como as construções religiosas, fortificações, pontes, moinhos, etc.

Pretende-se neste livro fazer uma caracterização geral de alguns aspetos diferenciadores das construções em xisto, realçando as soluções construtivas e materiais nas diferentes construções tradicionais em xisto que se encontram em Portugal.

Introdução

O levantamento das tipologias arquitetónicas mais comuns das construções em xisto existentes no território português constitui-se como uma ferramenta para o estudo das estruturas em xisto. As estruturas de xisto são muito heterogéneas, devido à variação dos materiais constituintes, incluindo o próprio xisto que possui diferentes propriedades dependendo da sua formação geológica, mas também pela variação das suas tipologias construtivas.

Saisi (2008) refere que o estudo das alvenarias deve iniciar-se numa extensa investigação das diferentes geometrias e técnicas construtivas. A mesma autora refere que as técnicas construtivas tradicionais e principalmente as adotadas nas construções mais pobres, como é o caso de muitas das construções em xisto, necessitam de ser cuidadosamente investigadas.

Neste livro são apresentadas as principais características construtivas e arquitetónicas das construções tradicionais em xisto. Nos últimos capítulos deste livro apresenta-se de uma forma critica o património edificado português.

Aspetos gerais

Tal como refere Ribeiro *et al.* (2008), uma das características da arquitetura vernácula é o seu acentuado vínculo ao território, nomeadamente na forma como utiliza os materiais e recursos disponíveis localmente, como a pedra, a terra ou a madeira. Estes materiais locais aliados a tradições construtivas populares e às condições económicas das regiões criaram variações específicas nas tipologias construtivas.

A nível nacional as tipologias construtivas das construções tradicionais em xisto não diferem substancialmente das outras tipologias tradicionais regionais (ver Figura 1). De uma forma geral, as construções em xisto têm um, dois ou três pisos no máximo. Nas construções de dois ou três pisos, que têm geralmente uma geometria em planta retangular, o piso térreo é constituído por espaços destinados a lojas, currais ou espaços de arrumação, enquanto os pisos superiores serviam normalmente para habitação.

a)   b)

Figura 1 – Exemplos de construções em xisto: a) Vila de Mouros; b) Carrazedo de Montenegro; c) Vila Nova de Foz Côa; d) Paul; e) Mértola.

Alguns casos de construções na região do Minho de proprietários com maiores recursos económicos possuem geometria em planta em forma de "L", tendo associados anexos para os animais e mantimento destes. A título de curiosidade refere-se uma construção com capela em xisto situada em Vilar de Mouros, no concelho de Caminha, com brasão que fez parte do conjunto de construções estudadas neste trabalho (ver Figura 2).

Figura 2 – Construção com brasão e capela (Vilar de Mouros).

As construções com apenas um piso do Alentejo, normalmente não possuem paredes divisórias interiores, sendo constituídas por um compartimento único destinado à habitação. Nestas regiões é possível encontrar conjuntos habitacionais interligados que se referem a edifícios com distintas fases de construção, ou seja que à construção original lhe foram agregadas novas construções devido, por exemplo, ao aumento do agregado familiar.

Assim, as maiores diferenças existentes entre as tipologias das construções em alvenaria de xisto e as tipologias das construções em alvenaria de outros materiais estão associadas às propriedades do xisto que em muitos casos influenciam os métodos e as soluções construtivas criando assim algumas variações na construção.

Fundações

A metodologia construtiva aplicada nas construções de xisto, não é muito diferente da metodologia construtiva geralmente aplicada em construções de alvenaria com outros tipos de pedra. Contudo, é possível denotar algumas diferenças na qualidade do sistema de fundações entre edifícios tradicionais de xisto de grande porte e de pequeno porte, assim como entre construções populares simples e construções de maior envergadura.

As fundações das construções rurais de xisto são realizadas normalmente também em xisto, muitas das vezes retirado do próprio local onde se realizaram as aberturas no solo para a implantação das fundações, exceto no caso das construções da região do Minho que em algumas situações são efetuadas com recurso ao granito, como se pode observar no concelho de Caminha. Estes elementos construtivos funcionam como um prolongamento das paredes de fachada para o solo, até uma profundidade de normalmente 60 cm, dependendo da implantação do edifício. Por norma são fundações contínuas apresentando usualmente uma espessura maior que a das paredes.

No caso das construções de xisto implantadas em zonas de terreno com algum declive, como acontece em certas situações na região das Beiras, as fundações tendem a ser prolongadas até atingirem a rocha ou um solo mais resistente e consolidado. Na região do Minho, nomeadamente em zonas como Barqueiros, tal como refere Barroso (2012), as fundações podem não chegar a atingir o solo duro, dado que grande parte do subsolo existente nessa região é composto por caulinos ou por terras argilosas que se desenvolvem até grandes profundidades. Ao contrário do que sucede com as fundações na região das Beiras, o mesmo autor refere que é pouco frequente nas construções de xisto da zona de Barqueiros o reaproveitamento de maciços pré-existentes (ver Figura 3).

Figura 3 – Fundação superficial em xisto aparelhado numa construção em Barqueiros (Barroso, 2012).

Paredes

Geralmente, na execução de paredes de alvenaria de pedra, e particularmente nas paredes de xisto, eram utilizadas pedras de maior dimensão junto aos cantos (cunhais), e pedra mais miúda para construção do resto da parede. O assentamento das diferentes fiadas depende do tipo de xisto disponível no local, nomeadamente da regularidade da sua xistosidade. De uma forma geral, para se garantir a estabilidade e também uma boa aparência é importante que se mantenha o ritmo e a regularidade das fiadas horizontais de xisto, independentemente do tipo de xisto usado.

Na construção das paredes, os elementos pétreos de xisto usados seguiam normalmente um conjunto de regras, como a aplicação com a sua foliagem na horizontal, os elementos de maior dimensão eram aplicados na base das paredes. Outro aspeto que merece particular atenção no assentamento dos elementos de xisto na construção das paredes é relativo às juntas verticais, que devem ser desfasadas entre fiadas horizontais consecutivas. O desencontro das juntas verticais entre fiadas horizontais consecutivas permite um melhor imbricamento entre os elementos de pedra e uma maior estabilidade do aparelho murário e, assim, um melhor comportamento das paredes para as diferentes solicitações a que estão sujeitas.

As paredes destas estruturas (ver exemplos na Figura 3) podem ser de um, dois ou três paramentos, sendo que a maioria das construções em xisto em Portugal são de dois ou três paramentos tendo espessuras que variam entre 40 e 70cm (Ribeiro *et al.*, 2008; Carvalho, 2008). Quando era difícil extrair no local pedras de xisto de maior dimensão, as paredes eram construídas com dois paramentos. Nestas, as pedras de xisto eram dispostas de forma organizada, tendo a argamassa, normalmente de terra, e as travações de madeira ou pedra, um papel preponderante no funcionamento conjunto das paredes. As paredes simples encontram-se mais frequentemente na região do Minho, onde é possível extrair pedras de xisto de maior dimensão e onde é habitual, como será discutido mais adiante, o uso combinado de pedras de xisto e de elementos de granito na construção. Nas restantes regiões em estudo as paredes de apenas um paramento encontram-se em construções simples, como as de apoio à atividade agrícola.

a)   b)   c)

Figura 3 – Paredes: a) com um paramento (Vilar de Mouros); b) com dois paramentos (Cortes do Meio); c) com três paramentos (Carrazedo de Montenegro).

No caso de paredes de dois paramentos, e principalmente nas paredes de três paramentos, é tipicamente mantida de forma geral a largura das pedras nos paramentos exteriores, bem como a sua altura. Era também uma boa prática comum, nas paredes de três paramentos, criar-se uma superfície de transição entre panos marcadamente irregular, entre os paramentos externos e o miolo. Esta irregularidade permite uma melhor coesão entre os paramentos externos e o paramento interno, melhorando a sua estabilidade, e consequentemente evitando a formação de anomalias por separação e destacamento dos panos, com a formação de deformações excessivas para fora do plano ou até mesmo o colapso do paramento externo.

Nas paredes de três paramentos, o interior era executado com elementos de xisto de menor dimensão e por vezes com mistura de materiais cerâmicos. Tipicamente a espessura das paredes diminui ao longo da sua altura. As pedras utilizadas no travamento dos paramentos que constituem as paredes desempenham um papel muito importante. Estas normalmente atravessam a parede de face a face, ligando as duas faces entre si e assim melhorando o funcionamento conjunto de todo o elemento murário. As pedras de travação são normalmente em xisto sendo que em alguns casos é possível encontrar travamentos realizados com elementos de madeira.

Um aspeto que diferencia marcadamente as várias tipologias de alvenaria de xisto é o ligante (ver Figura 4). Existem paredes nas quais são aplicados diferentes tipos de ligantes, tais como argamassas de cimento, em construções mais recentes, de terra ou mesmo paredes sem qualquer ligante em construções mais antigas de certas regiões, em que um assentamento regular do xisto associado às irregularidades das pedras de xisto levam a que as paredes tenham um bom comportamento mecânico.

a)   b)   c)

Figura 4 – Ligantes: a) sem ligante (Carrazedo de Montenegro); b) argamassa de terra (Carrazedo de Montenegro); c) argamassa de cimento (Vilar de Mouros).

A argamassa de terra é o ligante mais comummente usado nas construções em xisto de todo o território nacional, justificado pela facilidade de obtenção, sendo normalmente obtido a partir das terras disponíveis no local de implantação da construção ou das suas proximidades. Os solos xistosos são por norma solos argilosos, sendo então possível a recolha de terra adequada para a utilização como ligante nas construções. A argamassa de terra era preparada e aplicada apenas com terra peneirada e água, ou em certos casos com a adição de palha. Propriedades como a plasticidade e a aderência fizeram do barro a matéria-prima mais utilizada no assentamento do xisto em paredes (ver Figura 5).

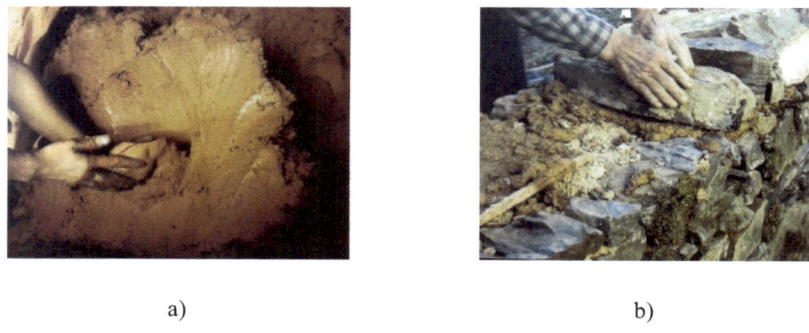

a)   b)

Figura 5 – Barro: a) barro amassado; b) assentamento do xisto (Ribeiro *et al.*, 2008).

A cal também foi utilizada como ligante das argamassas usadas em algumas construções, se bem que devido ao seu custo, sobretudo por esta ser extraída em locais afastados das zonas onde se construiu usando o xisto, não é tão comum. Carvalho (2008) refere que nas construções das Beiras a utilização de cal conferia um carácter algo luxuoso à construção, pois implicava o transporte deste material de locais distantes como da região de Cantanhede e portanto aumentava muito o custo da construção.

Na zona de Barqueiros encontram-se construções em xisto com ligante à base de caulino. Tal sucede devido à proximidade de locais de extração de caulino.

O cimento pode encontrar-se nas argamassas das construções mais recentes. Apesar do cimento produzir argamassas de resistência mais elevada do que as argamassas de barro ou com cal (Ribeiro *et al.*, 2008), estas podem potenciar alguns problemas associados à sua baixa permeabilidade potenciando a acumulação de sais no interior das paredes.

Nas construções de xisto, a execução de rebocos nas paredes não é muito comum (ver Figura 6), podendo no entanto ser encontrados alguns casos sobretudo em edifícios religiosos ou em habitações de proprietários mais abastados. Em Portugal são mais facilmente encontradas paredes de alvenaria de xisto rebocadas em habitações na zona sul (por exemplo em Mértola) ou na região do Minho.

a)   b)

Figura 6 – Exemplos de paredes de xisto rebocadas: a) Vilar de Mouros; b) Santa Maria de Émeres.

As paredes divisórias destas construções, sendo paredes-mestras em edifícios de maior porte, são efetuadas completamente em xisto, tendo-se observado no entanto alguns casos na região do Minho em que as paredes-mestras interiores foram executadas com a associação de elementos de xisto e granito (ver Figura 7 a)). Nas zonas norte e centro do país, as paredes divisórias eram tipicamente efetuadas em tabique (ver Figura 7 b)).

a)   b)

Figura 7 - Paredes divisórias: a) associação de elementos de xisto e de granito (Vilar de Mouros); b) tabique (Carrazedo de Montenegro).

Cunhais

Os cunhais são um dos elementos mais importantes para o bom funcionamento do conjunto das paredes exteriores que constituem o sistema estrutural da construção. Estes elementos tornam-se ainda mais importantes quando se trata de paredes de dois ou três paramentos, tendo em conta que em muitos destes casos a qualidade da alvenaria de xisto é menor, em parte devido à menor dimensão das pedras usadas.

Nas regiões de Trás-os-Montes e Beiras, onde é mais comum a construção de paredes duplas, os cunhais são muitas vezes realizados com pedras de xisto de maior porte (ver exemplos na Figura 8 a)), ou associando blocos de xisto com quartzito, enquanto na região do Minho encontraram-se situações em que os cunhais são elaborados usando elementos pétreos de grande dimensão em xisto ou em granito (ver Figura 8 b)).

a)   b)

Figura 8 – Cunhais: a) xisto (Carrazedo de Montenegro); b) granito (Vilar de Mouros).

Pavimentos

Em muitas das construções de xisto populares os pavimentos superiores servem como elemento divisor entre o rés-do-chão, onde correntemente se recolhiam os animais, e a zona habitacional do(s) andar(es) superior(es). Geralmente, os pavimentos interiores eram construídos em madeira, com uma estrutura simples de soalho sobre barrotes apoiados nas paredes estruturais da construção (ver exemplos na Figura 9). Em algumas casas mais nobres, e em certos casos de construções com maiores vãos, podem-se encontrar nas estruturas dos pavimentos alguns elementos metálicos.

Figura 9 – Pavimentos em madeira (Vilar de Mouros).

Os pavimentos térreos, nas situações em que estes tinham a função de albergar animais, normalmente não se encontram pavimentados. No entanto, em habitações mais nobres, encontram-se pavimentos em pedra, como por exemplo em granito na zona do Minho, sendo no resto do país mais comum a ardósia ou mesmo o xisto. Os pavimentos térreos exteriores à construção, quando revestidos, eram normalmente executados com os mesmos materiais que se usavam no revestimento do piso interior do rés-do-chão das habitações, que por vezes também se encontram nos revestimentos dos arrumamentos.

Em certas localidades, a calçada dos arruamentos era executada em lajes de grandes dimensões ou com elementos de pequenas dimensões (ver exemplos na Figura 10).

a)   b)

Figura 10 - Exemplos de pavimentos exteriores em Piódão realizados com elementos de: a) grandes dimensões; b) pequenas dimensões

Aberturas

As aberturas de janelas e portas são zonas nas paredes que implicam maior atenção, porque introduzem descontinuidades estruturais, exigindo cuidados específicos de forma a garantir uma adequada distribuição de esforços, especialmente em alvenarias com elementos pétreos de pequena dimensão.

As zonas de apoio dos lintéis de portas e janelas são particularmente críticas. Estes são normalmente realizados com materiais diferentes do xisto. Nas regiões de Trás-os-Montes e Beiras estes elementos são muitas vezes realizados com recurso à madeira (ver Figura 11 a)), enquanto na região do Minho estes elementos são na sua maioria elaborados com recurso a elementos de grandes dimensões em granito (ver Figura 11 b)).

a)   b)

Figura 11 – Lintéis: a) madeira (Gimonde); b) granito (Vilar de Mouros).

As aberturas desempenham as funções comuns como o acesso, a luminosidade e a ventilação dos diferentes espaços da construção. Além dessas funções, estas têm um papel marcante na arquitetura destas construções. As diferenças encontradas nas variantes dos materiais, dimensões dos elementos ou na geometria das aberturas marcam as diferentes tipologias das construções de xisto de cada região. De facto, fatores territoriais, sociais e económicos, são claramente evidenciados nos vários tipos de sistemas aplicados nas aberturas das construções tradicionais de xisto. Como exemplo, refira-se que aberturas elaboradas com três elementos monolíticos de xisto ou granito (ver Figura 13 a)) podem ser encontradas na região do Minho, existindo também alguns casos na região de Trás-os-Montes. As estruturas de madeira são também comuns nas regiões de Trás-os-Montes, Beiras e Alentejo, podendo estas ser muito trabalhadas (ver exemplos na Figura 12 b)) no caso de edifícios pertencentes a proprietários mais abastados, ou simples (ver Figura 12 c)) em edifícios populares. Na região do Minho é possível encontrar algumas estruturas nas aberturas elaboradas em granito trabalhado, como se pode observar no exemplo da Figura 12 d), numa habitação brasonada.

a)   b)   c)   d)

Figura 12 – Estruturas das aberturas: a) elementos monolíticos em xisto (Vilar de Mouros); b) estrutura em madeira trabalhada (Santa Maria de Émeres); c) estrutura de madeira simples (Gimonde); d) estrutura em granito trabalhada (Vilar de Mouros).

Escadas

Na maioria das construções em xisto existem apenas escadas exteriores que permitem o acesso ao primeiro piso, normalmente diretamente à cozinha, compartimento principal da habitação.

Nas construções em xisto em Portugal, podem encontrar-se diversos tipos de escadas exteriores, variando os materiais ou a própria estrutura, em função da zona geográfica e do poder económico do proprietário. Na região de Trás-os-Montes as escadas externas são na sua maioria executadas em xisto, com os patamares em xisto, ardósia, ou madeira. Nesta região as escadas exteriores (ver Figura 13) constituem-se como um dos principais marcos arquitetónicos, marcando uma clara distinção das restantes tipologias construtivas de xisto. A cobertura das escadas é normalmente realizada em estrutura de madeira assente em pilares de madeira ou xisto, e é também um marco específico destas tipologias construtivas.

a)   b)

Figura 13 – Exemplos de escadas exteriores nas construções tradicionais em xisto da região de Trás-os-Montes: a) Gimonde; b) Santa Maria de Émeres.

Nas regiões do Minho e das Beiras as escadas exteriores são muito semelhantes em termos estruturais, variando apenas nos materiais. Nas Beiras estes elementos são normalmente construídos totalmente em xisto, enquanto no Minho podem encontrar-se vários casos em que estas são elaboradas totalmente em granito.

Cobertura

As coberturas das construções em xisto são muito semelhantes às coberturas usadas na generalidade das construções tradicionais em Portugal. Nas regiões do Minho, Trás-os-Montes e Beiras as coberturas das construções populares têm normalmente duas águas, e em alguns casos de construções de maior porte surgem coberturas com três ou quatro águas. No Alentejo as coberturas de uma ou duas águas são mais comuns. As pendentes das coberturas são normalmente mais elevadas nas construções das regiões de Trás-os-Montes e Beiras.

As coberturas são tipicamente realizadas em estrutura tradicional de madeira (ver exemplos na Figura 14), e os seus elementos têm ligações por encaixe, podendo ter ou não forro sob o revestimento.

Figura 14 – Estrutura de coberturas com elementos de madeira (Vilar de Mouros).

O revestimento é um dos elementos da cobertura onde se observa maior variação entre as construções de xisto distribuídas no território nacional. No entanto, nas várias regiões predomina a cobertura revestida com telha cerâmica (ver Figura 3.15 c)), normalmente de tipo canudo. Nas regiões das Beiras, Trás-os-Montes e Alentejo é possível encontrar habitações com cobertura efetuada com estrutura de madeira revestida por palha (ver Figura 3.15 a)). Nas Beiras o revestimento tradicional mais comum é realizado em ardósia (ver Figura 3.15 b)).

Figura 3.15 – Revestimento das coberturas das construções em xisto: a) com palha (Carrazedo de Montenegro); b) com ardósia (Piódão); c) com telha cerâmica (Carrazedo de Montenegro).

Construções de elevado valor patrimonial

Para além das construções comuns, como as utilizadas para fins de habitação, em Portugal continental também se encontram muitas outras construções em xisto, algumas de elevado valor patrimonial associado, tais como castelos, edifícios religiosos, torres e pontes, e outras construções como moinhos e muros. Assim, no que se segue faz-se uma breve apresentação de alguns aspetos particulares destas diferentes tipologias construtivas, apresentando alguns exemplos existentes em Portugal.

Castelos

Os castelos, estruturas tipicamente robustas, outrora usadas para defesa e controlo de territórios, são símbolo máximo da soberania sobre a região onde se encontram implantados. Entre vários materiais de construção usados para construir estas estruturas de grande porte, encontra-se o xisto, que apesar de não ser o material mais comum nestas construções, encontra-se em alguns exemplos de grande valor patrimonial.

Um dos principais e mais conhecidos castelos construído com recurso ao xisto é o castelo de Bragança (ver Figura 16 a)). A construção do castelo de Bragança data do século XV e durou por um período de aproximadamente 30 anos. É constituído por um extenso conjunto de muralhas e conta com quinze torres e outros tantos panos de muro. As paredes da estrutura do castelo são elaboradas em alvenaria de xisto, sendo que os cunhais e as aberturas são elaborados com recurso a blocos de granito de maior porte que o xisto aplicado no interior das paredes.

Para além do castelo de Bragança, ainda na região de Trás-os-Montes a torre de Mogadouro (ver Figura 16 b)) é outro exemplo de uma fortaleza elaborada com estrutura em alvenaria de xisto.

Figura 16 – Fortalezas na região de Trás-os-Montes: a) Castelo de Bragança; b) Torre de Mogadouro.

No Alentejo encontram-se também vários castelos, como são exemplo o castelo de Mértola (ver Figura 17 a)) e o castelo de Portel (ver Figura 17 b)), ambos com estrutura realizada em alvenaria de xisto, com uso pontual do granito nas zonas estruturalmente mais críticas, como cunhais e aberturas.

Figura 17 – Fortalezas na região do Alentejo: a) Castelo de Mértola; b) Castelo de Portel.

Edifícios religiosos

As igrejas e capelas são, desde a antiguidade e a par com os castelos, símbolos e referências marcantes da história e das populações. Muitas vezes encontram-se situados no núcleo urbano em lugar de destaque relativamente às construções populares circundantes.

Tal como as construções populares eram elaboradas com os materiais disponíveis localmente, as construções religiosas seguiam a mesma lógica, apesar de, em certos casos, em conjunto com o xisto, fosse aplicado granito em algumas zonas estruturais mais críticas. É interessante observar, em algumas regiões do Minho, aldeias com construções populares em xisto e a igreja local totalmente construída em granito (por exemplo em Vilar de Mouros), muito provavelmente devido à existência de granito nas proximidades. Este facto permite depreender que no passado era reconhecido que o granito como um material de superior qualidade e durabilidade e, como tal, aplicado em construções de maior envergadura e importância.

São exemplo de construções religiosas em xisto a Igreja paroquial de Nossa Senhora da Conceição (ver Figura 18 a)) e a Igreja de São Pedro (ver Figura 18 b)), ambas situadas na aldeia de Piódão, na região de Arganil. É interessante denotar que apesar de em Piódão todas as construções serem edificadas com recurso ao xisto, as igrejas são os únicos edifícios nos quais foi aplicado reboco, tal como se pode observar na Figura 18.

a) b)

Figura 18 - Edifícios religiosos: a) Igreja Paroquial de Nossa Senhora da Conceição, Piódão, Arganil b) Igreja de São Pedro, Piódão, Arganil.

Pontes

O xisto também serviu como material para a construção de várias pontes, como é o caso de muitas pontes existentes na região de Trás-os-Montes, existindo também alguns casos nas Beiras e Alentejo. Um dos exemplos mais notáveis de pontes construídas com recurso ao xisto é a Ponte Velha (ver Figura 19 a)) sobre o rio Malara, situada em Gimonde, distrito de Bragança. A Ponte velha foi construída totalmente em xisto emparelhado assente com argamassa de barro. A ponte é constituída por seis arcos e guardas construídas também em xisto, tal como se observa na Figura 19 b).

a)   b)

Figura 19 – Ponte Velha em Gimonde, Distrito de Bragança.

Outra ponte construída totalmente com recurso ao xisto é a Ponte de Castro de Avelãs (ver Figura 20). Apesar de hoje em dia se encontrar muito alterada, a ponte, constituída por três grandes arcos em xisto, demonstra a aplicação no passado do xisto na construção deste tipo de estruturas.

Figura 20 – Ponte de Castro de Avelãs.

A Ponte do Porto (ver Figura 21), situada no Minhão, distrito de Bragança, é constituída por um só arco e, tal como a Ponte Velha, foi construída inteiramente em alvenaria de xisto incluindo as guardas.

Figura 21 – Ponte do Porto, Milhão, Bragança.

Outros exemplos de pontes na região de Bragança são: as pontes Carvas, Jorge e Granja na freguesia de Santa Maria; a Ponte Velha de Penacal em São Pedro de Sarracenos; a Ponte de Parada em Parada; a Ponte de Valbom em Milhão; e a Ponte de Alimonde em

Carrazedo, todas construídas totalmente em alvenaria de xisto. Existe ainda no centro da cidade de Bragança, nomeadamente na freguesia da Sé, a Ponte dos Açougues que, contrariamente às restantes pontes do distrito de Bragança, esta foi construída em alvenaria de xisto e granito.

No distrito de Castelo Branco encontram-se as pontes de São João e Algoso ambas construídas com recurso à alvenaria de xisto, sendo que no caso da ponte de São João um dos tímpanos foi elaborado com recurso ao granito. Na região das Beiras destacam-se duas pontes, nomeadamente no concelho de Piódão, elaboradas com um só arco e construídas totalmente com recurso ao xisto (ver Figura 22).

Figura 22 – Pontes em Piódão.

Mais a sul, no distrito de Beja, a Ponte de maior relevo é a ponte de Mértola (ver Figura 23), apesar de pouco restar desta obra. Situada sobre o rio Guadiana, esta ruína é constituída pelos vestígios de uma construção da qual restam apenas seis pegões dispostos de forma curvilínea em planta, com secção quadrangular, com exceção do sexto, junto ao leito do rio, que é ovalado, possui maiores dimensões e está disposto longitudinalmente à obra. As bases dos pegões usam matéria-prima local, o xisto, fazendo a reutilização de mármores de edifícios romanos e também de pedra de outras regiões, como os arenitos (IPPAR, 2008).

Figura 23 – Ponte de Mértola.

Ainda no distrito de Beja destacam-se mais duas pontes de referência, a Ponte de Ribeira de Cobres em Almodôvar, elaborada em alvenaria de xisto e tijolo, e a Ponte de Vila Ruiva em Beja, onde se detetam diversos materiais para além do xisto, nomeadamente granito, calcário e tijolo, provavelmente devido às várias reconstruções ocorridas ao longo dos tempos.

Moinhos

No território nacional podem também encontrar-se moinhos de vento e de água construídos em alvenaria de xisto. Existem alguns moinhos de vento (ver Figura 24) no Baixo Alentejo e no Algarve. Segundo Ribeiro *et al.* (2008), estas estruturas ligeiramente cónicas apresentam dois pisos, podendo atingir os 5 metros de altura com estrutura de dois paramentos assente diretamente no afloramento rochoso com dimensões a variar entre os 1,50 metros na base até 1,00 metros no topo. A cobertura com estrutura em madeira é tradicionalmente revestida com palha.

Figura 24 – Moinhos de vento de Tavira (Ribeiro *et al.*, 2008).

Os moinhos de água em estrutura de xisto podem encontrar-se nas regiões de Trás-os-Montes, Beiras, Alentejo e Algarve. Estas estruturas têm normalmente uma geometria retangular podendo ser, em termos estruturais, semelhantes às habitações correntes em alvenaria tradicional de xisto. Em alguns casos, tal como menciona Ribeiro *et al.* (2008), quando o edifício é habitado podem ter dois pisos, sendo o primeiro piso habitado pelo moleiro e o rés-do-chão ou caboucos onde se encontra o sistema de moagem. Uma tipologia particular dos moinhos de água pode encontrar-se em Mértola, não habitável, constituídos por pequenas unidades retangulares distribuídas paralelamente ao leito do rio, como se pode observar na Figura 25.

Figura 25 – Azenhas de Mértola.

Muros

Os muros de separação de terrenos em xisto existem essencialmente nas regiões do Minho, Trás-os-Montes e Beiras, mas também podem ser encontrados na região do Douro vinhateiro e em parte do Alentejo, sendo que neste último caso os muros são realizados com xisto e taipa.

Na sua maioria os muros são realizados apenas com recurso ao xisto, podendo estes ter junta seca ou com argamassa de terra. No Minho encontram-se muros com mistura de xisto e granito e em Trás-os-Montes juntamente com o xisto encontram-se elementos pétreos de quartzito. Um caso particular que merece referência são os muros da freguesia de Paul na região das Beiras. Estes são realizados com misturas de fiadas alternadas de xisto e rebolos, como se pode observar na Figura 26. No Alentejo são comuns os muros de taipa com fundação de xisto.

a) b)

Figura 26 – Muros: a) muro e pequena construção executados com junta seca (Serra de Arga); b) muro executado com xisto e rebolos (Paul).

Tal como as paredes de xisto das habitações correntes os muros podem ser realizados com um, dois ou três paramentos e podem apresentar variações no seu aparelho, dependendo do tipo de xisto disponível para a construção e do local de implantação do muro. A aplicação ou não de argamassa, e a sua composição, era dependente da qualidade murária pretendida, sobretudo considerando os requisitos específicos de funcionalidade, durabilidade e estética. As metodologias construtivas dos muros não diferem substancialmente das metodologias adotadas na construção das paredes das habitações apresentadas anteriormente.

Considerando que estes muros são realizados com junta seca, ou com uma argamassa de baixa resistência. A sua estabilidade estrutural depende muito da qualidade das fundações. Mesmo que a construção acima das fundações seja de boa qualidade, a sua estabilidade ficará comprometida quando as fundações são mal executadas, podendo dar origem a danos ou mesmo ao seu colapso. As fundações dos muros em xisto, para além de terem a função de proporcionar uma base estável, devem resistir aos assentamentos diferenciais.

A eventual inclinação da face aparente dos muros está muito dependente da sua função e dimensões, que consequentemente influenciam a sua espessura por forma a garantir a estabilidade. Nesta linha refiram-se os muros de suporte de terras construídos em xisto, muito comuns na zona vinhateira do Douro, que podem ter inclinações acentuadas dependendo das cargas transmitidas pelo solo que suportam.

No topo dos muros é normalmente realizado o capeamento, com diversas soluções de execução. Este é de grande importância, pois serve essencialmente para ligar os diferentes paramentos no topo do muro e, tal como as pedras de travação, serve ainda para melhorar o comportamento conjunto dos panos. Para além disso, protege o topo do muro das intempéries e de outros tipos de ações físicas.

No que concerne aos capeamentos dos muros de xisto, estes podem ser realizados com elementos na horizontal, inclinados ou aprumados (ver exemplos na Figura 27). Devido às características do xisto, o capeamento horizontal é o mais comum pois permite manter a ordem das fiadas de assentamento colmatando o muro com uma fiada que conecta os diferentes panos. O formato inclinado difere do anterior apenas no assentamento das pedras na diagonal no topo do muro. Por último, o capeamento aprumado é menos comum entre os três tipos, sendo o de mais difícil execução.

a)   b)   c)

Figura 27 – Capeamento: a) horizontal (Vila de Mouros); b) inclinado (Carrazedo de Montenegro); c) aprumado (Gimonde).

Agradecimentos

Agradece-se ao departamento de Engenharia Civil da Universidade do Minho em Portugal, ao ISISE (Institute for Sustainability and Innovation in Structural Engineering) e à Fundação para a Ciência e Tecnologia. Agradece-se também aos Prof. Doutor Daniel V. Oliveira e Prof. Doutor Humberto Varum.

Bibliografia

Barroso C. (2012) *A construção vernacular em xisto entre o Cávado e o Ave – o caso de Barqueiros*, Tese de Mestrado, Universidade do Minho, Guimarães.

Carvalho S. (2008) *Recuperação de construções em xisto, Três processos para Gondramaz*, Universidade de Coimbra, Coimbra.

IPPAR. Disponível em http://www.ippar.pt (consultado em 17.11.2008).

Ribeiro V., Costa, A. M., Almeida, M. e Costa, M. R. (2008) *Materiais, sistemas e técnicas de construção tradicional*, Edições afrontamento, Faro.

Saisi A. (2008) *Masonry damage*, In: Masonry Strengthening with Composite Materials, RILEM Meeting, Padova.